essentials

essentials liefern aktuelles Wissen in konzentrierter Form. Die Essenz dessen, worauf es als „State-of-the-Art" in der gegenwärtigen Fachdiskussion oder in der Praxis ankommt. *essentials* informieren schnell, unkompliziert und verständlich

- als Einführung in ein aktuelles Thema aus Ihrem Fachgebiet
- als Einstieg in ein für Sie noch unbekanntes Themenfeld
- als Einblick, um zum Thema mitreden zu können

Die Bücher in elektronischer und gedruckter Form bringen das Expertenwissen von Springer-Fachautoren kompakt zur Darstellung. Sie sind besonders für die Nutzung als eBook auf Tablet-PCs, eBook-Readern und Smartphones geeignet. *essentials:* Wissensbausteine aus den Wirtschafts-, Sozial- und Geisteswissenschaften, aus Technik und Naturwissenschaften sowie aus Medizin, Psychologie und Gesundheitsberufen. Von renommierten Autoren aller Springer-Verlagsmarken.

Weitere Bände in der Reihe http://www.springer.com/series/13088

Heinz Welsch

Energieversorgung und Lebensqualität

Der Einfluss des Energiesystems auf das subjektive Wohlergehen

Heinz Welsch
Institut für Volkswirtschaftslehre
Carl von Ossietzky Universität Oldenburg
Oldenburg, Deutschland

ISSN 2197-6708 ISSN 2197-6716 (electronic)
essentials
ISBN 978-3-658-29308-6 ISBN 978-3-658-29309-3 (eBook)
https://doi.org/10.1007/978-3-658-29309-3

Die Deutsche Nationalbibliothek verzeichnet diese Publikation in der Deutschen Nationalbibliografie; detaillierte bibliografische Daten sind im Internet über http://dnb.d-nb.de abrufbar.

Planung/Lektorat: Isabella Hanser
Springer Gabler ist ein Imprint der eingetragenen Gesellschaft Springer Fachmedien Wiesbaden GmbH und ist ein Teil von Springer Nature.
Die Anschrift der Gesellschaft ist: Abraham-Lincoln-Str. 46, 65189 Wiesbaden, Germany

Was Sie in diesem *essential* finden können

- Einen Überblick über neueste Forschungsergebnisse zu Energieversorgung und Lebensqualität.
- Einen Einblick, wie die Verfügbarkeit und Erschwinglichkeit von Energie das subjektive Wohlergehen fördern.
- Eine Darstellung, wie Risiken und Nebenwirkungen der Energieversorgung das subjektive Wohlergehen beeinträchtigen.
- Eine vergleichende Analyse alternativer Versorgungsstrukturen in Hinblick auf das subjektive Wohlergehen.

Vorwort

Die sichere, kostengünstige und umweltverträgliche Versorgung mit Energie gehört zu den fundamentalen Funktionsbedingungen moderner Gesellschaften. Energie stiftet Nutzen, sowohl direkt – zum Zweck von Heizung, Kühlung, Beleuchtung und den Betrieb von Fahrzeugen und Haushaltsgeräten – wie auch indirekt als Produktionsfaktor. Dadurch trägt die Energieversorgung zur Lebensqualität bei. Gleichzeitig sind mit der Energieversorgung zahlreiche Nebenwirkungen (externe Effekte), insbesondere auf Umwelt und Klima, verbunden, die die Lebensqualität potenziell negativ beeinflussen.

Eine umfassende Erforschung des Zusammenhanges zwischen Energieversorgung und Lebensqualität hat erst seit wenigen Jahren eingesetzt. Befördert wird dieser Forschungszweig dadurch, dass mit dem Konzept des subjektiven Wohlergehens im Sinne der allgemeinen Lebenszufriedenheit seit kurzem ein umfassendes Maß für Lebensqualität zur Verfügung steht. Dieses ist geeignet, die vielfältigen positiven wie negativen Nutzenwirkungen der Energieversorgung zu bündeln.

Das vorliegende *essential* liefert einen kompakten Überblick über dieses junge Forschungsfeld. Es stützt sich in Teilen auf ein vom Verfasser geleitetes und vom Schweizerischen Bundesamt für Energie (BFE) gefördertes Forschungsvorhaben mit dem Titel „Using Happiness Data for Energy Policy Analysis". Mein Dank gilt deshalb dem BFE sowie den am Projekt beteiligten Forschern Philipp Biermann, Finbarr Brereton, Susana Ferreira, Mirko Moro, Andy Müller und Tine Ningal sowie Charlotte von Möllendorff.

Heinz Welsch

Inhaltsverzeichnis

1 Einleitung: Lebensqualität als Maßstab der Energiepolitik

1.1 Umbau der Energieversorgung

Vor dem Hintergrund des Klimawandels ist die Energieversorgung weltweit im Umbruch. Dies betrifft derzeit vor allem den Elektrizitätssektor, der bisher noch stark durch die Stromerzeugung aus Kohle und anderen fossilen Energieträgern (Erdgas, Mineralöl) geprägt ist. Diese Form der Stromerzeugung trägt erheblich zur Emission von Kohlendioxid (CO_2) und damit zum Klimawandel bei und ist deshalb von der Umstrukturierung der Energieversorgung besonders betroffen.

Alternativen zur klimaschädlichen Stromerzeugung aus fossilen Brennstoffen sind einerseits die Kernenergie und andererseits die regenerativen Energien (Wind- und Solarenergie sowie Biomasse). Bezüglich dieser Alternativen, und insbesondere der Kernenergie, beschreiten verschiedene Länder höchst unterschiedliche Wege. In Europa hat Deutschland mit dem 2011 beschlossenen Ausstieg aus der Kernenergie die sogenannte Energiewende eingeleitet. Auch die Schweiz hat beschlossen, ihre stark auf Kernenergie basierende Stromwirtschaft in Richtung von mehr regenerativer Stromerzeugung umzubauen und aus der Kernenergie auszusteigen. Für Deutschland bedeutet der Kernenergieausstieg in Verbindung mit dem jüngst eingeleiteten Kohleausstieg einen massiven Ausbau der regenerativen Energien, umso mehr, als auch der Straßenverkehr durch E-Mobilität klimafreundlicher werden soll. Im Gegensatz dazu halten andere Länder an der Kernenergie fest. So bauen beispielsweise Finnland, Frankreich und Großbritannien sogar neue Kernkraftwerke. Wiederum andere, insbesondere osteuropäische, Länder sperren sich gänzlich gegen eine Rückführung der fossilen Stromerzeugung.

H. Welsch, *Energieversorgung und Lebensqualität*, essentials,
https://doi.org/10.1007/978-3-658-29309-3_1

1.2 Auswirkungen auf die Lebensqualität

Unterschiedliche Energietechnologien sind mit unterschiedlichen Auswirkungen auf Umwelt und Klima, Landschaftsbild und Flächenverbrauch sowie Kosten und Risiken der Energieversorgung verbunden. Neben dem Klimawandel als Hauptmotivation für die Rückführung der fossilen Energieerzeugung ist diese auch mit unmittelbaren Umweltbelastungen verbunden, vornehmlich in Form von Luftverschmutzung. Die Kernenergie vermeidet diese, birgt jedoch das Risiko katastrophaler Nuklearunfälle, wie die Kernschmelzen in Tschernobyl (1986) und Fukushima (2011) ins Bewusstsein gerufen haben. Ferner ist das Problem der Endlagerung abgebrannter Kernbrennstoffe ungelöst. Die emissions- und risikoarme regenerative Energieerzeugung durch Windkraft führt zu Nachbarschaftseffekten in Form visueller und akustischer Beeinträchtigungen, während Biogasanlagen mit Geruchsbelästigung sowie einem erheblichen Landschaftsverbrauch durch den Anbau von Energiepflanzen (vornehmlich Raps und Mais) verbunden sind. Hinzukommt im Fall der Windenergie die Notwendigkeit des Stromtransportes von den windreichen Erzeugungsregionen zu den Verbrauchsschwerpunkten (in Deutschland vornehmlich von Nord nach Süd), was den Bau neuer Hochspannungsleitungen erforderlich macht. Nicht zuletzt aufgrund dessen ist die regenerative Stromversorgung bis dato tendenziell mit höheren Versorgungskosten als die konventionelle Erzeugung verbunden. Über diese vielfältigen Auswirkungen beeinflusst das Energieversorgungssystem die Lebensqualität.

1.3 Lebensqualität als allgemeine Lebenszufriedenheit

Der Begriff der Lebensqualität ist einerseits populär und andererseits unbestimmt. Ein Konzept von Lebensqualität, das sowohl in der Wissenschaft als auch in der öffentlichen und politischen Diskussion zunehmend an Bedeutung gewinnt, ist das subjektive Wohlergehen (englisch: subjective well-being), mitunter auch mit dem populären Terminus „Glück“ bezeichnet. Daten zum subjektiven Wohlergehen werden regelmäßig im Rahmen umfangreicher sozialwissenschaftlicher Bevölkerungsumfragen erhoben und stehen inzwischen für rund 150 Länder in vergleichbarer Form zur Verfügung.

Das geläufigste Maß für das subjektive Wohlergehen ist die allgemeine Lebenszufriedenheit. In Deutschland wird sie bereits seit den 1980er Jahren regelmäßig innerhalb des sogenannten *Sozioökonomischen Panels* erhoben. Dabei wird den Teilnehmern einer repräsentativen Bevölkerungsstichprobe (unter vielen anderen Fragen) die Frage vorgelegt, wie zufrieden sie auf einer Skala von 0 (ganz und gar unzufrieden) bis 10 (ganz und gar zufrieden), alles in allem, mit ihrem Leben sind. Eine populäre Auswertung dieser Lebenszufriedenheitsdaten wird seit einiger Zeit regelmäßig in Form des *Glücksatlas Deutschland* veröffentlicht. Auf europäischer Ebene liefert der *European Social Survey* international vergleichbare Zufriedenheitsdaten.

Daten zum subjektiven Wohlergehen wurden zunächst in der psychologischen Forschung erhoben und ausgewertet. Dabei wird zwischen einer affektiv-emotionalen und einer kognitiv-reflektierenden Komponente des subjektiven Wohlergehens unterschieden (Diener 1984). Die affektiv-emotionale Dimension wird als Glück (im engeren Sinne) bezeichnet, während die kognitiv-reflektierende Komponente sich in der allgemeinen Lebenszufriedenheit niederschlägt.

Da die beiden Komponenten typischerweise stark miteinander zusammenhängen, wird der Unterschied im allgemeinen Sprachgebrauch mitunter vernachlässigt und, wie erwähnt, der Terminus „Glück" im weiteren Sinne gleichbedeutend mit subjektivem Wohlergehen verwendet. Im vorliegenden *essential* wird unter subjektivem Wohlergehen, wenn nicht ausdrücklich anders vermerkt, die allgemeine Lebenszufriedenheit verstanden, und Daten zur Lebenszufriedenheit werden als Indikator für die Lebensqualität verwendet.

1.4 Zufriedenheitsforschung

Während Psychologen das subjektive Wohlergehen bereits seit den 1940er Jahren erforscht haben, hat die Beschäftigung damit in den Wirtschafts- und Sozialwissenschaften später eingesetzt. Die erste diesbezügliche Arbeit datiert aus dem Jahre 1974 und beschäftigt sich mit dem Zusammenhang zwischen dem Wachstum des Pro-Kopf-Einkommens in den USA und der Entwicklung der Zufriedenheit (Easterlin 1974). Sie kommt zu dem Ergebnis, dass trotz eines massiven Einkommenswachstums seit den 1940er Jahren die Zufriedenheit nahezu konstant blieb, ein Befund der als das Easterlin-Paradox bezeichnet wird. Im Vergleich zwischen mehreren Ländern zeigt sich hingegen, dass die Bürger der reichen Industrieländer im Durschnitt deutlich zufriedener sind als die Bürger armer Länder. Allerdings ist der Zufriedenheitsunterschied zwischen unterschiedlich reichen Industrieländern relativ gering, was im allgemeinen damit erklärt wird, dass für deren Bürger das Relativeinkommen, im Vergleich zu ihren Bezugspersonen, wichtiger für die Zufriedenheit ist als ihre absolute Einkommenshöhe. Deshalb hat eine Zunahme des Durchschnitts-, d. h. Pro-Kopf-Einkommens, wenig

Einfluss auf die durchschnittliche Zufriedenheit in Ländern mit bereits hohem Wohlstand (Easterlin 1995).

Neben dem Einkommen sind weitere ökonomische Einflussfaktoren auf die Zufriedenheit insbesondere die Arbeitslosigkeit und die Inflation (Frey und Stutzer 2002). Im gesellschaftlich-politischen Bereich spielen Faktoren wie Demokratie und Rechtsstaatlichkeit eine Rolle für die Zufriedenheit (Frey 2018). Auch unterschiedliche Formen der Umweltbelastung sind seit längerem als Einflussfaktoren auf die Zufriedenheit identifiziert worden (Welsch und Ferreira 2013). Hingegen wird der im Folgenden thematisierte Zusammenhang zwischen der Energieversorgung und der Zufriedenheit erst seit wenigen Jahren erforscht.

Neben dem Bereich von Wissenschaft und Forschung ist das subjektive Wohlergehen inzwischen auch in der politischen Sphäre angekommen. Nachdem das Königreich Bhutan bereits in den 1970er Jahren das „Bruttonationalglück" als Staatsziel propagiert hat, hat beispielsweise der damalige französische Staatspräsident Nicolas Sarkozy 2008 eine Arbeitsgruppe international renommierter Wirtschaftswissenschaftler (darunter zwei Nobelpreisträger) damit beauftragt, ein statistisches System zu entwickeln, „das über einen rein ökonomischen Maßstab für das Wohlergehen hinausgeht" (Stiglitz et al. 2009). In Großbritannien hat das nationale Statistikamt (U.K. Office for Statistics) 2014 erstmals eine entsprechende Statistik unter dem Titel „Measures of National Well-being" herausgebracht. Das neuseeländische Finanzministerium (Treasury) hat im Mai 2019 erstmals ein „Wellbeing Budget" vorgelegt. Auf internationaler Ebene haben die Vereinten Nationen erstmals 2011 ihren jährlichen „World Happiness Report" veröffentlicht.

1.5 Energie und Wohlergehen

Vor dem Hintergrund der zunehmenden Beachtung nicht-monetärer Aspekte des Wohlergehens einerseits und den Herausforderungen der Gestaltung einer nachhaltigen Energieversorgung andererseits beschäftigt sich dieses *essential* mit den Auswirkungen der Energieversorgung auf die allgemeine Lebenszufriedenheit. Dargestellt wird die neueste Forschung über den Zusammenhang zwischen Lebenszufriedenheit und energiebedingter Umweltbelastung, Klimawandel und Extremereignissen, den Risiken der Atomenergie, der Nähe zu erneuerbaren Energieerzeugungsanlagen, der Erschwinglichkeit von Energie und der Struktur der Energieversorgung insgesamt. Anhand von Daten aus Deutschland, Japan, der Schweiz sowie internationalen Datensätzen ergibt sich, dass über diese Wirkungskanäle sämtliche Formen der Energieversorgung negative Auswirkungen auf das

Wohlergehen haben. Im Vergleich der verschiedenen Versorgungstechnologien zeigt sich allerdings, dass diese Auswirkungen bei den erneuerbaren Energien insgesamt am geringsten sind.

Sämtliche dargestellten Forschungsarbeiten haben den üblichen Prozess wissenschaftlicher Qualitätssicherung *(peer review)* durchlaufen. Dadurch wird insbesondere gewährleistet, dass die festgestellten Zusammenhänge zwischen Energieversorgung und subjektivem Wohlergehen nicht durch fehlende Berücksichtigung anderer Bestimmungsgründe des Wohlergehens verfälscht sind. Ein wesentlicher derartiger Bestimmungsfaktor ist das Einkommen. Dieses wird in den entsprechenden Forschungsarbeiten standardmäßig berücksichtigt. Dadurch wird es möglich zu berechnen, wie groß der Wohlergehenseffekt der jeweils untersuchten Sachverhalte (beispielsweise Dürreereignis, Bau einer Windkraftanlage oder ein Atomunfall) *im Verhältnis* zum Effekt einer Einkommensänderung ist und wie groß demnach eine Einkommensänderung sein müsste, die denselben Effekt auf das Wohlergehen hätte. Auf diesem Wege ist es möglich, eine implizite monetäre Bewertung der interessierenden Sachverhalte oder Ereignisse vorzunehmen.

Aus den Befunden zu den negativen Auswirkungen der Energieversorgung folgt keineswegs, dass diese grundsätzlich ein Übel ist: Der Konsum von Energie stiftet Nutzen, und dies wird deutlich in dem Befund, dass mangelnde Erschwinglichkeit von Energie oder gar „Energiearmut" mit erheblichen Einbußen an Wohlergehen verbunden ist. Der Nutzen von Energie kommt indes in den Energiepreisen zum Ausdruck: Würden die Energiepreise den empfundenen Nutzen übersteigen, würden die Konsumenten ihren Energieverbrauch entsprechend reduzieren und mangelnde Erschwinglichkeit wäre kein Problem. In diesem Sinne bilden die Preise einen Indikator für den Nutzen der Energieversorgung. Nicht in den Preisen enthalten sind jedoch die hier dargestellten negativen Auswirkungen auf das subjektive Wohlergehen. Diese stellen die sozialen Kosten der Energieversorgung dar und sollten von einer rationalen Energiepolitik angemessen berücksichtigt werden.

1.6 Fazit

Die moderne Lebenszufriedenheitsforschung liefert einen Ansatz, Lebensqualität und soziale Wohlfahrt als subjektives Wohlergehen messbar zu machen und den Zusammenhang zwischen Energieversorgung und Lebensqualität zu ermitteln.

2 Umweltbelastung und Klimawandel

2.1 Gewinnung fossiler Energieträger

Die Förderung von Energieressourcen stiftet einerseits wirtschaftlichen Nutzen, andererseits verursacht sie Kosten und Belastungen. Während der Nutzen vornehmlich den Eigentümern der Energieressourcen sowie den in der Förderung Beschäftigten sowie der Wirtschaft insgesamt zukommt, treffen die Belastungen überwiegend die lokale Bevölkerung.

Mehrere Fallstudien haben sich mit den Auswirkungen der Förderung und Verarbeitung von Energieträgern auf das subjektive Wohlergehen der Bevölkerung beschäftigt. In einer Studie wurde der Zusammenhang zwischen der Öl- und Gasförderung und dem Wohlergehen der Bevölkerung im US-Bundesstaat Texas im Zeitraum 2005–2010 untersucht (Maguire und Winters 2017). Diese Zeitspanne war durch verstärkte Erschließungs- und Förderaktivitäten gekennzeichnet, wobei besonders das sogenannte *fracking* von in Gestein gebundenem Öl und Gas rapide zunahm. Im Vergleich mit konventionellen Förderverfahren ist das *fracking* mit höherer Umweltbelastung verbunden, da hierbei große Mengen an Wasser und Chemikalien in die Quellen gepresst werden, um das Öl und Gas aus dem Gestein herauszulösen. Dabei fallen auch große Mengen an Abwasser an. In der Untersuchung ergaben sich deutliche negative Auswirkungen des *fracking* auf die allgemeine Lebenszufriedenheit der Bevölkerung in der Umgebung, während die konventionelle Förderung keine derartigen Effekte aufwies. Die negativen Auswirkungen waren in solchen Regionen besonders massiv, wo gleichzeitig eine hohe Intensität der *fracking*-Aktivitäten und eine hohe Bevölkerungsdichte vorlagen. Insgesamt wurde aus der Untersuchung geschlussfolgert, dass für die Bevölkerung der betroffenen Gebiete die negativen Auswirkungen des *fracking* im Durchschnitt den ökonomischen Nutzen überstiegen, sodass der Nettoeffekt auf das Wohlergehen negativ war.

H. Welsch, *Energieversorgung und Lebensqualität,* essentials,
https://doi.org/10.1007/978-3-658-29309-3_2

Eine andere Studie hat sich mit den Auswirkungen des Kohlenbergbaus und der Kohleverarbeitung in der chinesischen Provinz Shanxi beschäftigt (Li et al. 2017). In dieser Region befinden sich 27 % der chinesischen Kohlereserven, sodass dieser Studie eine gewisse Allgemeingültigkeit für den chinesischen Kohlenbergbau zukommt. Statt der allgemeinen Lebenszufriedenheit wurde in der Untersuchung die Zufriedenheit der Menschen in 29 verschiedenen Lebensbereichen in Abhängigkeit von der Entfernung ihrer Wohnung zum nächsten Kohlebergwerk betrachtet. Dabei ergab sich, dass weder die Zufriedenheit mit der Einkommenssituation noch mit der Gesundheit sich für Personen mit unterschiedlicher Entfernung zu den Bergwerken und Kohleverarbeitungsstätten voneinander unterschied. Hingegen war die Zufriedenheit mit der Luft- und Wasserqualität umso geringer, je näher die Menschen an den Förder- und Verarbeitungsstätten lebten.

2.2 Luftverschmutzung

Luftverschmutzung ist diejenige Art von Umweltbelastung, die als erste und am intensivsten bezüglich ihres Einflusses auf das subjektive Wohlergehen untersucht wurde (siehe Levinson 2020 für eine weiterführende Diskussion). Da Luftverschmutzung überwiegend aus der Energieversorgung (in Kraftwerken) und Energienutzung (in Industrie, Gewerbe, Haushalten und Verkehr) stammt, ist sie ein wichtiges Zwischenglied im Zusammenhang zwischen Energieversorgung und Lebensqualität.

Eine erste einschlägige Studie hat den Zusammenhang zwischen Luftverschmutzung und dem subjektiven Wohlergehen in 54 Ländern um das Jahr 2000 betrachtet (Welsch 2002). Dabei wurde das durchschnittliche Wohlergehen in diesen Ländern mit den durchschnittlichen Belastungen mit Stickstoffdioxid sowie dem Pro-Kopf-Einkommen in Beziehung gesetzt. Es ergab sich, dass höhere Konzentrationen von Stickstoffdioxid mit geringerem Wohlergehen einhergingen, während ein höheres Pro-Kopf-Einkommen mit höherem Wohlergehen verbunden war. Da die Luftverschmutzung negativ und das Einkommen positiv auf das Wohlergehen einwirkt, lässt sich aus den ermittelten Zusammenhängen errechnen, wie viel zusätzliches Einkommen eine repräsentative Person benötigen würde, um den Verlust an Wohlergehen durch die Luftverschmutzung auszugleichen. Diese hypothetischen Ausgleichszahlungen – die man als monetären Wert besserer Luftqualität interpretieren kann – erwiesen sich als erheblich.

Mit einem ähnlichen Ansatz wurde ein deutlicher negativer Zusammenhang zwischen Stickstoffdioxid sowie Blei und der allgemeinen Lebenszufriedenheit in 10 europäischen Ländern im Zeitraum 1990–1997 gefunden (Welsch 2006). Da in diesem Zeitraum durch gesetzliche Vorgaben sowohl die Stickoxidbelastung (durch Abgasreinigung) als auch die Bleibelastung (durch das Verbot von verbleitem Benzin) erheblich reduziert wurden, implizieren diese Ergebnisse im Umkehrschluss einen deutlichen Erfolg der getroffenen gesetzlichen Maßnahmen im Sinne verbesserter Lebensqualität.

Diese frühen Untersuchungen zum Zusammenhang zwischen Luftverschmutzung und subjektivem Wohlergehen wurden in späteren Studien verfeinert, sodass nicht nur Aussagen über Jahresdurchschnittswerte ganzer Länder getroffen, sondern auch die räumliche und zeitliche Dimension genauer betrachtet werden konnte. So hat Luechinger (2009) das Wohlergehen einer repräsentativen Stichprobe von Personen in Deutschland zur lokalen Luftverschmutzung an ihrem Wohnort in Beziehung gesetzt und Levinson (2012) hat für die USA einen ähnlichen Zusammenhang zwischen dem Wohlergehen und der tagesgenauen Veränderung der Luftbelastung ermittelt. Darüber hinaus haben Menz und Welsch (2012) die von Luftverschmutzung Betroffenen nach Geburtsjahrgängen differenziert und festgestellt, dass Jahrgänge, die mutmaßlich in der Kindheit und Jugend starker Luftverschmutzung ausgesetzt waren, besonders hohe Einbußen an Wohlergehen durch Luftverschmutzung erleiden. Dieses Ergebnis passt zu medizinischen Befunden, dass Menschen, deren Lungenfunktion bereits in der Kindheit durch Luftverschmutzung beeinträchtigt wurde, später stärker unter derartiger Luftbelastung leiden.

Insgesamt hat die bisherige Forschung einhellig gezeigt, dass energiebedingte Luftverschmutzung die Lebensqualität im Sinne des subjektiven Wohlergehens erheblich beeinträchtigt.

2.3 Klimaparameter

Die Energieversorgung hat Einfluss auf das Weltklima, indem durch die Verbrennung fossiler Brenn- und Treibstoffe (Kohle, Mineralöl und Erdgas) zwangsläufig Kohlendioxid (CO_2) erzeugt wird, das sich in der Atmosphäre anreichert und dadurch die Strahlungsbilanz der Erde verändert. Die fossile Energieversorgung ist zu rund 85 % an den weltweiten CO_2-Emissionen beteiligt (Le Queré et al. 2018). Durch die Anreicherung mit CO_2 (und anderen Gasen) wird die Abstrahlung von Wärme vermindert, sodass Temperaturen steigen und Niederschlagsmengen und andere Klimaparameter sich ändern (Rahmstorf und Schellnhuber 2006).

Während es sich bei „klassischer" Luftverschmutzung um lokal oder regional beschränkte Phänomene handelt, bei denen die Auswirkungen zeitnah auf die Emission der betreffenden Schadstoffe folgen, haben die klimarelevanten Gase (sogenannte Treibhausgase) aufgrund ihrer langen Verweildauer in der Atmosphäre globale und überwiegend in der Zukunft liegende Auswirkungen. Klimabezogene Auswirkungen energiebedingter Treibhausgase auf das Wohlergehen sind deshalb heute noch nicht in vollem Umfang beobachtbar. Dennoch gibt es Möglichkeiten, diese Effekte abzuschätzen. Dabei werden zwei Ansätze verfolgt. Zum einen wird untersucht, wie das Wohlergehen mit den bestehenden räumlichen und zeitlichen Mustern von Klimaparametern variiert, die sich im Zuge des Klimawandels in der Zukunft verändern werden. Zum anderen wird betrachtet, wie das Wohlergehen durch Extremereignisse, deren Häufigkeit und Stärke durch den Klimawandel zunehmen werden, beeinflusst wird.

In diesem Abschnitt werden wesentliche Forschungsergebnisse zusammengefasst, die auf dem ersten der beiden Ansätze beruhen. Eine weiterführende Übersicht über die einschlägige Literatur findet sich bei Maddison und Rehdanz (2020).

Die erste Studie zum Zusammenhang zwischen dem subjektiven Wohlergehen und Klimaparametern bezieht sich auf Russland (Frijters und Van Praag 1998). Dieses Land ist für eine solche Untersuchung besonders geeignet, da die Klimaparameter aufgrund der geografischen Ausdehnung eine große interregionale Streuung aufweisen. In der Untersuchung wurden Daten für Temperaturen, Niederschlagsmengen, Windgeschwindigkeiten und Luftfeuchtigkeit in 35 Regionen mit Daten zur allgemeinen Lebenszufriedenheit aus repräsentativen Bevölkerungsumfragen in den Jahren 1993 und 1994 in Beziehung gesetzt. Dabei ergab sich unter anderem, dass Menschen in Regionen mit einer höheren Durchschnittstemperatur im Sommer ebenso wie in Regionen mit einer niedrigeren Durchschnittstemperatur im Winter eine geringere Lebenszufriedenheit aufweisen als Menschen in Regionen mit gemäßigterem Klima. Speziell zeigte sich, dass eine um ein Grad Celsius höhere durchschnittliche Julitemperatur mit demselben Verlust an Zufriedenheit einhergeht wie ein um 16 % niedrigeres Einkommen.

Ein negativer Zusammenhang zwischen extremen Temperaturen und subjektivem Wohlergehen wurde auch im weltweiten Maßstab festgestellt. In einer Studie wurde für einen Datensatz mit 67 Ländern und den Zeitraum 1997–2000 gefunden, dass das Wohlergehen umso niedriger ist, je niedriger die Tiefsttemperaturen und je höher die Höchsttemperaturen in dem betreffenden Land beziehungsweise Jahr sind (Rehdanz und Maddison 2005). Aus diesen Ergebnissen extrapolierten die Autoren, dass die aufgrund des Klimawandels zu erwartenden Änderungen der Häufigkeit kalter Winter und heißer Sommer Menschen in den kalten und gemäßigten Breiten per Saldo zu „Klimagewinnern“ und Menschen in heißen Regionen zu „Klimaverlierern“ machen werden. In einer späteren Untersuchung zeigten sie, dass das Klima, nach dem Pro-Kopf-Einkommen, der zweitwichtigste Erklärungsfaktor für Unterschiede im subjektiven Wohlergehen zwischen Ländern ist (Maddison und Rehdanz 2020). Ebenso betonen sie, dass es sich hierbei nur um die direkten Effekte auf das Wohlergehen handelt, da mögliche Einflüsse auf das Einkommen nicht in die Analyse eingehen (Maddison und Rehdanz 2011). Mögliche indirekte Effekte aufgrund von Einkommensänderungen (etwa durch Änderungen von Erntemengen) können die direkten Effekte unter Umständen verstärken. In einer Fallstudie für Australien wurde zudem festgestellt, dass die Erfahrung zunehmender Hitze dazu führt, dass viele Menschen sich Sorgen um ihr zukünftiges Wohlergehen machen (Zander et al. 2019).

2.4 Klimabedingte Extremereignisse

Die sogenannte Attributionsforschung hat gezeigt, dass die Erderwärmung zur Verstärkung von extremen Wetterereignissen beiträgt (Otto 2019). Als Folge des zunehmenden Klimawandels wird deshalb eine größere Häufigkeit und Stärke von Extremereignissen wie Dürren, Waldbränden, Stürmen und Überschwemmungen erwartet. Die Auswirkungen solcher Ereignisse auf das subjektive Wohlergehen sind Gegenstand dieses Abschnittes.

Die offensichtlichste Folge der Erderwärmung besteht in der Zunahme von Dürren und Waldbränden. In Hinblick auf Dürren wurden in einer Fallstudie für Australien erhebliche Auswirkungen auf das subjektive Wohlergehen der Bevölkerung in ländlichen Gebieten festgestellt (Carroll et al. 2009). Die ermittelten Zusammenhänge implizieren, dass der Rückgang der Zufriedenheit durch die für die Zukunft prognostizierte Verdoppelung der jährlichen Häufigkeit von Dürren der Wirkung eines Rückgangs des jährlichen Nationaleinkommens um ein Prozent entspricht. Beeinträchtigungen der Lebenszufriedenheit durch Dürren wurden nicht nur in westlichen „modernen“ Gesellschaften festgestellt, sondern auch für traditionelle Gemeinschaften, beispielsweise in Papua-Neuguinea (Lohmann et al. 2019).

Ebenfalls für Australien wurden die Auswirkungen der Waldbrandgefahr auf die Lebenszufriedenheit untersucht, wobei die Gefahr eines Waldbrandes durch einen Index von 0–100 gemessen wurde (Ambrey et al. 2017). Dabei ergab sich, dass ein Anstieg des Gefahrenindex um eine Einheit mit einem Rückgang der Zufriedenheit einherging, der einem Einkommensentzug um 10 US$ entspricht. Die Auswirkungen tatsächlicher Wald- und Buschbrände auf die Lebenszufriedenheit wurden für Frankreich, Italien, Portugal und Spanien untersucht (Kountouris und Remoundou 2011). Erwartungsgemäß stellte sich heraus, dass diese bei weiträumigeren Bränden und in ländlichen Gebieten am größten waren. Ferner wurde in einer Studie für die USA festgestellt, dass allein die Rauchbelästigung durch Wald- und Buschbrände die Lebenszufriedenheit beeinträchtigt, und zwar wiederum stärker in ländlichen als in städtischen Regionen (Jones 2017).

In Hinblick auf Stürme wurde in einer ersten einschlägigen Fallstudie festgestellt dass in den USA das subjektive Wohlergehen deutlich einbrach, nachdem das Ausmaß der Schäden durch den Hurrikan „Katrina" an der Golfküste der USA bekannt wurde (Kimball et al. 2006). Obwohl der Rückgang in den von den Verwüstungen betroffenen Gebieten am stärksten war, war er keineswegs auf diese Gebiete beschränkt, sondern war landesweit festzustellen. In einer Mehrländerstudie wurde ein negativer Zusammenhang zwischen der Häufigkeit von Orkanen und der allgemeinen Lebenszufriedenheit sowohl in Industrie- als auch in Entwicklungsländern ermittelt (Berlemann 2016). Der Zusammenhang erwies sich als stärker in ärmeren Ländern, da dort den Menschen geringere Mittel zur Ergreifung von Schutzmaßnahmen zur Verfügung stehen.

Weitere Studien haben sich mit den Auswirkungen von Überschwemmungen auf die Lebenszufriedenheit beschäftigt. In einer Mehrländerstudie für Europa wurde ermittelt, dass eine Überschwemmung die Zufriedenheit im Durchschnitt genauso stark mindert wie ein Einkommensentzug um rund 6,500 US$ (Luechinger und Raschky 2009). Eine Fallstudie für Bulgarien hat ergeben, dass die Auswirkungen auf das Wohlergehen den rein materiellen Schaden übersteigen und dass auch kleinere Überschwemmungen derartige Auswirkungen haben (Sekulova und Van den Berg 2016).

In einer Studie für Deutschland wurden sowohl Sturm- und Hagelereignisse als auch Überschwemmungen betrachtet (Von Möllendorff und Hirschfeld 2016). Für beide Arten von Ereignissen ergaben sich negative Auswirkungen auf die Lebenszufriedenheit. Diese fielen geringer aus, wenn die Betroffenen über einen entsprechenden Versicherungsschutz verfügten. Ferner erwiesen sich die Auswirkungen bei Sturm und Hagel als kurzfristig, während es bei Überschwemmungen mehrere Monate dauerte bis die Zufriedenheit zu ihrem früheren Niveau zurückkehrte.

2.5 Fazit

Luftverschmutzung, Erderwärmung und Wetterextreme haben erhebliche negative Auswirkungen auf das subjektive Wohlergehen. Da diese Phänomene zu einem großen Teil mit der Bereitstellung und Nutzung fossiler Energieträger zusammenhängen beziehungsweise durch diese verstärkt werden, trägt die Energieversorgung auf diesem Wege zu einer Minderung der Lebensqualität im Sinne des subjektiven Wohlergehens bei.

3 Nuklearunfälle und Risikowahrnehmung

3.1 Nuklearunfälle

In der Geschichte der zivilen Kernenergienutzung gab es zwei Unfälle, die in die höchste Kategorie auf der siebenstufigen internationalen Bewertungsskala für nukleare Ereignisse *(International Nuclear Event Scale)* fielen: die Reaktorkatastrophen von Tschernobyl 1986 und Fukushima 2011. Sie führten zur großflächigen Freisetzung radioaktiver Strahlung mit entsprechenden Auswirkungen auf Menschen, Tiere und Pflanzen. In beiden Fällen gab es eine große Zahl von Toten und Verletzten, es kam zu großflächigen Stromausfällen, und die landwirtschaftliche und industrielle Produktion kam zum Erliegen. Tausende von Menschen mussten für lange Zeit die betroffenen Gebiete verlassen.

Während einige Folgen von Nuklearunfällen unmittelbar auftreten, sind andere langfristiger Natur. Insbesondere kann die Anreicherung mit radioaktiven Isotopen (Jod-131, Caesium-137, Strontium-90 und Plutonium-239) das Krebsrisiko steigern, das sich unter Umständen erst nach beträchtlicher Zeit realisiert. Dementsprechend erfassen Erkenntnisse zu den Auswirkungen der Katastrophe von Fukushima, die kurz nach dem Vorfall gewonnen wurden, nur einige der möglichen Effekte. Hingegen ermöglicht der Fall Tschernobyl es, auch langfristige Effekte zu erfassen.

Die Reaktorkatastrophen von Tschernobyl und Fukushima unterscheiden sich nicht nur hinsichtlich der Möglichkeit, langfristige Auswirkungen zu ermitteln. Im Gegensatz zur Katastrophe von Tschernobyl war die Kernschmelze in Fukushima Teil eines Konglomerates von Ereignissen, das ein Erdbeben und einen Tsunami umfasst, die die eigentlichen Auslöser des Nuklearunfalles waren und zur großflächigen Zerstörung von Gebäuden und Infrastrukturen führten.

H. Welsch, *Energieversorgung und Lebensqualität,* essentials,
https://doi.org/10.1007/978-3-658-29309-3_3

Unbeschadet dieser Unterschiede ist beiden Katastrophen gemeinsam, dass sie das subjektive Wohlergehen sowohl durch ihre physischen und materiellen als auch ihre psychologischen Auswirkungen beeinträchtigt haben können. Zu den ersteren gehören gesundheitliche Beeinträchtigungen sowie Arbeitsplatz- und Einkommensverluste. Die psychologischen Auswirkungen umfassen Trauer und Schmerz um Tote und Verletzte und die Angst vor den Folgen radioaktiver Belastung. Je nach Schwere des Ereignisses ist es möglich, dass Menschen nicht nur in ihrem aktuellen Wohlergehen beeinträchtigt werden, sondern die Zufriedenheit mit ihrem bisherigen Leben insgesamt leidet. Ferner beschränken sich einige der psychologischen Auswirkungen nicht auf Menschen vor Ort, sondern können – durch Berichterstattung in den Medien – auch andere betreffen. Insbesondere ist es möglich, dass durch einen großen Nuklearunfall die generelle Besorgnis über Kernenergie zunimmt, vor allem bei Menschen, die selbst in der Nähe von Atomanlagen leben.

Diese vielfältigen möglichen Auswirkungen auf das subjektive Wohlergehen sind in Hinblick auf die Katastrophen von Tschernobyl und Fukushima untersucht worden. Hinsichtlich Tschernobyl wurden in einer Studie Daten zum räumlichen Muster der damaligen radioaktiven Belastung mit repräsentativen Bevölkerungsdaten aus der Ukraine 20 Jahre nach dem Atomunfall verknüpft, die auch Informationen über den damaligen Wohnort enthielten (Danzer und Danzer 2016). Dabei wurden Personen, die hoher Belastung ausgesetzt gewesen waren (etwa 4 % der Bevölkerung), aus der Betrachtung ausgeschlossen, das heißt, die Studie konzentrierte sich auf die Mehrheit der Ukrainer, die keine unmittelbar klinisch relevante Belastung erfahren hatten. Für diese ergab sich, dass ein höheres damaliges Strahlungsniveau 20 Jahre später mit geringerem subjektivem Wohlergehen und einer höheren Rate an Depressionen einherging. Diese psychologischen Auswirkungen entsprechen einem finanziellen Gegenwert von 2–6 % des ukrainischen Bruttoinlandsproduktes (BIP), die zu den 5–7 % des BIP hinzukommen, die für Katastrophenhilfe, Wiederaufbau und die Entschädigung von Unfallopfern aufgewendet wurden.

Hinsichtlich Fukushima wurden in einer Untersuchung repräsentative Daten herangezogen, die im Jahr vor und nach der Katastrophe am 11. März 2011 erhoben worden waren (Rehdanz et al. 2015). Es stellte sich heraus, dass vor der Katastrophe die Lebenszufriedenheit der japanischen Bevölkerung in keiner Beziehung zur Entfernung vom Atomkraftwerk Fukushima-Daiich stand, während danach die Zufriedenheit mit der Nähe zum Kraftwerksstandort sank. Ein Zusammenhang zwischen der Zufriedenheit und der Nähe zu anderen Atomkraftwerken bestand hingegen weder vor noch nach der Katastrophe. Menschen in einem Umkreis von 150 km um Fukushima-Daiichi erlitten zwischen den beiden Erhebungen einen Einbruch der Lebenszufriedenheit, dessen rechnerische monetäre Kompensation eine Erhöhung des jährlichen Haushaltseinkommens um 240 % erfordern würde. Zu diesem Effekt trugen gesundheitliche Auswirkungen oder Arbeitsplatzverluste nur in geringem Maße bei. Ferner konnte kein Zusammenhang mit der räumlichen Verteilung der radioaktiven Belastung festgestellt werden, da die Betrachtung sich auf weniger als ein Jahr nach dem Unfall bezog und Auswirkungen radioaktiver Belastung unterhalb des klinisch relevanten Niveaus eher längerfristiger Natur sind. Im Gegensatz zur aktuellen Lebenszufriedenheit wurde die Zufriedenheit der Menschen mit ihrem bisherigen Leben insgesamt nicht beeinträchtigt.

In einer Untersuchung anhand von Daten auf Tagesbasis wurde festgestellt, dass nach der Katastrophe das subjektive Wohlergehen der gesamten japanischen Bevölkerung im Gleichklang mit der Intensität der Medienberichterstattung beeinträchtigt wurde (Ohtake et al. 2016). Ferner ergaben sich Auswirkungen auf die Bodenpreise (Yamane et al. 2013). Diese sanken in Abhängigkeit vom Grad der radioaktiven Belastung, nicht jedoch in Abhängigkeit von der Entfernung zu Fukushima-Daiichi per se. Dies deutet darauf hin, dass die Lebenszufriedenheit und die Bodenpreise unterschiedliche Aspekte der Auswirkungen der Katastrophe erfassen. Während die Lebenszufriedenheit das tatsächlich erfahrene Wohlergehen beinhaltet, reflektieren die Bodenpreise möglicherweise Erwartungen über die Auswirkungen radioaktiver Belastung in der Zukunft. Da geringe bis mittlere Strahlungsniveaus eher langfristige Effekte haben, schlagen sich diese eher in den Bodenpreisen als in der aktuellen Lebenszufriedenheit nieder (Welsch 2016).

3.2 Wahrnehmung nuklearer Risiken

Zusätzlich zu tatsächlichen nuklearen Ereignissen kann die Furcht vor solchen Ereignissen, das heißt wahrgenommenes (empfundenes) nukleares Risiko, das subjektive Wohlergehen beeinträchtigen. Empfundenes Risiko beinhaltet zwei Komponenten: die subjektive Wahrscheinlichkeitseinschätzung eines Atomunfalles und das erwartete Schadensausmaß bei einem solchen Unfall. Bei beidem (der Wahrscheinlichkeitseinschätzung und der Schadenserwartung) handelt es sich a priori um Überzeugungen, und solche Überzeugungen können sich infolge tatsächlicher Ereignisse wie in Tschernobyl und Fukushima ändern.

Im Vergleich zwischen mehreren Ländern kann angenommen werden, dass unter sonst gleichen Umständen die wahrgenommene Wahrscheinlichkeit eines Atomunfalles umso größer ist, je höher der Anteil der Kernenergie an der nationalen Energieversorgung ist. Vor dem Hintergrund dieser Annahme wurde in einer Studie mit repräsentativen Daten für annähernd 140.000 Menschen in 25 europäischen Ländern im Zeitraum 2002–2011 der Zusammenhang zwischen der Lebenszufriedenheit und dem Kernenergieanteil an der nationalen Stromversorgung betrachtet (Welsch und Biermann 2014a). Dabei ergab sich, dass vor dem Atomunfall von Fukushima am 11. März 2011 kein Zusammenhang zwischen Zufriedenheit und dem Kernenergieanteil bestanden hatte, jedoch ein deutlich negativer Zusammenhang nach der Katastrophe (im Zeitraum vom 12. März bis 31. Dezember 2011.) Dieser Effekt war für beide Geschlechter und alle Altersgruppen feststellbar sowie unabhängig von der Besorgnis über allgemeine Umweltfragen.

Während sich also der *Zusammenhang* zwischen der Lebenszufriedenheit und dem Nuklearanteil durch den Unfall von Fukushima änderte, ergab sich kein Rückgang im *Niveau* der Zufriedenheit. Im Gegenteil: In denjenigen Ländern, die keine Atomkraftwerke hatten, stieg die Zufriedenheit. Dies kann dahin gehend gedeutet werden, dass den Menschen durch die Katastrophe die Vorteilhaftigkeit der Freiheit von atomaren Risiken ins Bewusstsein gerufen wurde.

3.3 Räumliche Aspekte nuklearer Risiken

Die beschriebenen Änderungen im Zusammenhang zwischen subjektivem Wohlergehen und dem Nuklearanteil deuten darauf hin, dass durch die Katastrophe von Fukushima die Einschätzung des nuklearen Risikos in Europa verändert wurde. Inwieweit dies die Wahrscheinlichkeitseinschätzung eines Unfalles oder die Einschätzung des Schadensausmaßes bei Eintreten eines Unfalls betrifft, ist aus diesen Befunden nicht zu ermitteln. Jedoch kann dieser Frage nachgegangen werden, wenn man räumliche Aspekte in die Betrachtung einbezieht. Die grundlegende Annahme ist dabei, dass die von Menschen empfundene Wahrscheinlichkeit eines Nuklearereignisses nicht von der Entfernung zu den betreffenden Anlagen abhängt, wohl aber die Einschätzung des zu erwartenden Schadensausmaßes für einen selbst: Bei gleichen topografischen und meteorologischen Bedingungen (Gebirge und Windrichtung) ist in größerer Nähe mit höheren Schäden für einen selbst zu rechnen.

Trifft diese Annahme zu, so ist weiterhin zu erwarten, dass Menschen ihre Wohnortwahl an der Entfernung zu Kernkraftwerken ausrichten und unter ansonsten gleichen Bedingungen eine größere Entfernung bevorzugen.

Jedoch sind die nuklearen Risiken nicht der einzige Bestimmungsgrund für die Wohnortwahl. Andere relevante Faktoren sind räumliche Unterschiede in der Einkommenshöhe und den Wohn- und Lebenshaltungskosten. Die Theorie des räumlichen Gleichgewichts besagt in diesem Zusammenhang, dass Menschen sich nur dann in der Nähe nuklearer Anlagen niederlassen, wenn das höhere empfundene Risiko durch höhere Löhne und niedrigere Kosten ausgeglichen wird (Schneider und Zweifel 2013).

Diesen räumlichen Aspekten nuklearer Risiken wurde in einer Fallstudie für die Schweiz nachgegangen, in der der Zusammenhang zwischen der Lebenszufriedenheit und der Entfernung zwischen Wohnort und dem nächstgelegene Kernkraftwerk untersucht wurde (Welsch und Biermann 2016). Es ergab sich, dass die Lebenszufriedenheit deutlich mit größerer Entfernung zum nächsten Kernkraftwerk zunahm. Dieser Zusammenhang bestand unabhängig davon, ob die Einkommenshöhe und die Wohnkosten berücksichtigt wurden oder nicht. Jedoch war der Zusammenhang schwächer für Menschen, deren Wohnort wegen Gebirgen und der Windrichtung als sicherer anzusehen ist. Ebenso zeigte sich, dass der Zusammenhang zwischen Lebenszufriedenheit und der Entfernung zu Kernkraftwerken bei Männern und Personen mit Hochschulausbildung geringer war als bei Frauen und Personen ohne Hochschulausbildung. Dies kann entweder mit unterschiedlichen Risikowahrnehmungen erklärt werden oder damit, dass Männer und Personen mit Hochschulabschluss eine höhere räumliche Mobilität aufweisen, die es ihnen erlaubt, ihre Wohnortwahl an ihren individuellen Risikowahrnehmungen auszurichten.

Ein weiteres Ergebnis der Studie ist, dass der Zusammenhang zwischen Lebenszufriedenheit und Wohnort sich nach der Atomkatastrophe von Fukushima änderte: Für Menschen, deren Wohnort in einem Umkreis von 40–85 km zu einem Kernkraftwerk lag, sank die Lebenszufriedenheit deutlich. Dies kann so gedeutet werden, dass die Berichterstattung über das räumliche Ausmaß der Schäden in Fukushima die Menschen in Gebieten, die sie vorher als sicher ansahen, zu einer Revision dieser Einschätzung veranlasste. Sowohl in Gebieten unterhalb von 40 km als auch oberhalb von 85 km war hingegen keine Änderung der Zufriedenheit zu verzeichnen. Dies kann bedeuten, dass Menschen in größerer Nähe sich auch vorher des Risikos bewusst waren, während Menschen in größerer Entfernung sich auch weiterhin sicher fühlten. Lediglich Menschen in mittlerer Entfernung revidierten ihre Einschätzung.

3.4 Fazit

Die Reaktorkatastrophen von Fukushima und Tschernobyl haben die Lebenszufriedenheit der Betroffenen kurz- und langfristig beeinträchtigt. Neben tatsächlichen Atomunfällen beeinträchtigt auch das empfundene Risiko atomarer Katastrophen die Lebenszufriedenheit. Die Risikowahrnehmung in Europa wurde durch die Katastrophe von Fukushima gesteigert und die Lebenszufriedenheit dadurch gemindert.

Nachbarschaftseffekte erneuerbarer Energieanlagen

4

4.1 Windenergie

Die Zahl der Windkraftanlagen in Deutschland stieg im Zeitraum 1994–2012 von rund 1100 auf 11.500. Windenergieanlagen können das subjektive Wohlergehen durch Schattenschlag, Geräusche und Veränderung des Landschaftsbildes beeinträchtigen. Der Zusammenhang zwischen Windenergieanlagen und dem subjektiven Wohlergehen wurde anhand repräsentativer Daten in einer Studie für Deutschland untersucht (Krekel und Zerrahn 2017). Es ergab sich, dass die allgemeine Lebenszufriedenheit von Menschen im Umkreis von 4 km um eine Windkraftanlage deutlich geringer ist als außerhalb dieses Radius. Dieser Unterschied war allerdings nicht feststellbar bei Menschen mit einem hohen selbst bekundeten Umwelt- und Klimabewusstsein. Ferner stellte sich heraus, dass der Einfluss der Windkraftanlagen auf die Lebenszufriedenheit vorübergehender Natur ist und aufgrund von Gewöhnungseffekten spätestens 5 Jahre nach dem Bau einer Anlage nicht mehr nachweisbar ist.

Ebenfalls anhand repräsentativer Daten für Deutschland wurden die Zusammenhänge zwischen der Lebenszufriedenheit und verschiedenen Arten erneuerbarer Energieanlagen miteinander verglichen, nämlich Wind-, Solar- und Biomasseanlagen (von Möllendorff und Welsch 2017). Da vergleichbare Daten für die drei Anlagenarten nur differenziert nach Postleitzahlgebiet vorlagen, wurde untersucht, ob die Lebenszufriedenheit in Postleitzahlgebieten mit derartigen Anlagen sich von der Zufriedenheit außerhalb unterschied. Für Windenergieanlagen wurde festgestellt, dass das Vorhandensein von mindestens einer Windturbine im eigenen Postleitzahlgebiet mit einer geringeren Zufriedenheit verbunden ist. Der monetäre Gegenwert der Beeinträchtigung durch eine Windturbine beläuft sich auf rund 6,20 EUR pro Person und Monat. Bei

H. Welsch, *Energieversorgung und Lebensqualität,* essentials,
https://doi.org/10.1007/978-3-658-29309-3_4

Berücksichtigung der durchschnittlichen Anlagengröße im Betrachtungszeitraum (1994–2012) entspricht dies etwa 5,80 EUR pro Megawatt installierter Leistung. Interessanterweise treten Effekte auf das Wohlergehen bereits im Jahr vor der Inbetriebnahme, in der Planungs- und Bauphase, auf und verschwinden aufgrund von Gewöhnungseffekten zwei Jahre nach der Inbetriebnahme.

4.2 Solarenergie und Biomasse

In der genannten Studie (von Möllendorff und Welsch 2017) wurde auch der Zusammenhang zwischen der Lebenszufriedenheit und dem Vorhandensein und der installierten Leistung von Solar- und Biomasseanlagen zur Stromerzeugung untersucht. Im Fall der Solarenergieanlagen können negative Effekte in (landschafts-)ästhetischen Beeinträchtigungen oder Blendungseffekten begründet sein. Jedoch war tatsächlich kein Zusammenhang zwischen dem Vorhandensein von Solarenergieanlagen und der Zufriedenheit im eigenen Postleitzahlgebiet feststellbar, wohl aber ein negativer Zusammenhang mit der Zufriedenheit in den jeweils angrenzenden Gebieten. Das Fehlen eines Zusammenhanges im eigenen Gebiet kann möglicherweise damit erklärt werden, dass im Durschnitt eines solchen Gebietes negative Auswirkungen durch einen finanziellen, moralischen oder Statusnutzen für die örtlichen Besitzer der Anlagen ausgeglichen werden. Allerdings konnte diesen Vermutungen nicht genauer nachgegangen werden, da keine Informationen darüber vorlagen, ob es sich bei den Personen um Besitzer von Solaranlagen handelte oder nicht.

Biomasseanlagen können das subjektive Wohlergehen in der Umgebung durch Geruchsbelästigungen wie auch durch den Anlieferverkehr beeinträchtigen. Im Gegensatz zu Solaranlagen stellte sich in der genannten Untersuchung heraus, dass das Vorhandensein von Biomasseanalgen die Zufriedenheit sowohl im eigenen Postleitzahlgebiet als auch in den angrenzenden Gebieten beeinträchtigt. Der monetäre Gegenwert pro Megawatt installierter Leistung beläuft sich auf 20,50 EUR pro Person und Monat im eigenen Gebiet und 6,60 EUR in den angrenzenden Gebieten. Ferner sind die Auswirkungen im Gegensatz zur Windenergie dauerhaft und von gleichbleibender Stärke.

4.3 Fazit

Wind- Solar- und Biomasseanlagen zur Stromerzeugung beeinträchtigen das subjektive Wohlergehen der Menschen in ihrer Umgebung. Die Auswirkungen sind bei Biomasseanlagen am größten und, im Gegensatz zu Windenergieanlagen, aufgrund fehlender Gewöhnungseffekte dauerhafter Natur. Bei Solaranlagen werden mögliche negative Auswirkungen potenziell durch finanziellen oder moralischen Nutzen aufseiten der Besitzer ausgeglichen.

Erschwinglichkeit von Energie 5

5.1 Haushaltsenergiepreise

Der Haushaltenergieverbrauch ist ein wesentlicher Bestandteil des privaten Verbrauchs. Er dient der Raumheizung und -kühlung, der Beleuchtung, dem Kochen und dem Betrieb von Haushaltsgeräten. Durch diese Funktionen trägt er zum Wohlergehen bei. Er unterscheidet sich nach allgemeiner Auffassung von anderen Verbrauchsgütern dadurch, dass eine bestimmte Mindestmenge an Energie als unverzichtbar für eine angemessene Lebensqualität angesehen wird. Der Zugang zu Energie und ihre Erschwinglichkeit sind deshalb, insbesondere im Zuge der Energiewende, zu wichtigen Themen in der öffentlichen Debatte sowie in der Forschung geworden (Neuhoff et al. 2013).

Ein wesentlicher Aspekt der Erschwinglichkeit von Energie ist die sogenannte Energiearmut. Diese bezeichnet eine Situation, in der ein Haushalt sich eine unverzichtbare Energiemenge nicht oder nur durch starke Einschränkung anderweitigen Konsums leisten kann. Eine Kennziffer zur Messung von Energiearmut ist die Energiearmutsquote, das heißt das Verhältnis zwischen den Ausgaben für die notwendige Energiemenge und dem verfügbaren Einkommen. Theoretisch kann gezeigt werden, dass eine höhere Energiearmutsquote impliziert, dass höhere Energiepreise eine stärkere Auswirkung auf das Wohlergehen haben (Welsch und Biermann 2017): Je ausgeprägter die Energiearmut eines Haushaltes ist, umso mehr wird das Wohlergehen durch höhere Energiepreise beeinträchtigt. Aufgrund dieses theoretischen Zusammenhangs können, in der Tendenz, die Auswirkungen größerer Energiearmut auf das Wohlergehen auf indirektem Wege ermittelt werden – durch die Auswirkungen der Energiepreise auf das Wohlergehen – auch wenn die unverzichtbare Mindestenergiemenge unbestimmt ist.

H. Welsch, *Energieversorgung und Lebensqualität,* essentials,
https://doi.org/10.1007/978-3-658-29309-3_5

Dieser Ansatz wurde in einer Studie anhand repräsentativer Daten für mehr als 100.000 Menschen in 21 europäischen Ländern im Zeitraum 2002–2011 angewendet (Welsch und Biermann 2017). Untersucht wurde der Zusammenhang zwischen der allgemeinen Lebenszufriedenheit und den Preisen für Strom, Heizöl und Gas. Es ergab sich, dass höhere Preise deutliche negative Auswirkungen auf die Zufriedenheit haben, die zum Teil eine ähnliche Größenordnung aufweisen wie wichtige persönliche Bestimmungsfaktoren der Lebenszufriedenheit. Überdurchschnittlich starke Effekte zeigten sich bei Haushalten aus dem untersten Viertel der Einkommensverteilung. Ferner wiesen die Effekte ein bestimmtes jahreszeitliches Muster auf: Sie waren besonders stark, wenn die erforderlichen Ausgaben mutmaßlich hoch waren (etwa für Heizöl am Beginn der Heizperiode) oder Nachzahlungen fällig waren (für Strom und Gas am Ende der Abrechnungsperiode). Insgesamt erwiesen sich die Auswirkungen höherer Preise besonders für ärmere Haushalte, die keine Rücklagen bilden können, als erheblich.

5.2 Energiearmut

Der Begriff der Energiearmut ist insofern unbestimmt, als weder die „unverzichtbare" Mindestmenge an Energie eindeutig definiert ist noch der relevante Schwellenwert der Energiearmutsquote (Verhältnis der betreffenden Ausgaben zum verfügbaren Einkommen) oberhalb dessen von Energiearmut zu sprechen ist. In der Literatur zur Energiearmut werden deshalb verschiedene Indikatoren und Schwellenwerte zur Feststellung herangezogen, ob Energiearmut vorliegt oder nicht (Moore 2012). Da die „unverzichtbare" Energiemenge unbestimmt ist, bauen diese Indikatoren auf den tatsächlichen Energieausgaben auf.

Der Zusammenhang zwischen dem subjektiven Wohlergehen und verschiedenen Indikatoren der Energiearmut wurde in einer Forschungsarbeit anhand repräsentativer Daten für mehr als 40.000 Personen in Deutschland im Zeitraum 1994–2013 untersucht (Biermann 2016). Dazu berechnete der Verfasser anhand von Daten zu den Energieausgaben und dem Einkommen diverse in der Literatur verwendete Indikatoren und bestimmte, ob die betrachteten Haushalte gemäß dem jeweiligen Indikator als energiearm zu klassifizieren waren oder nicht und wenn ja, wie ausgeprägt (intensiv) die Energiearmut war. Als Kontrollgröße wurde neben der Energiearmut die Einkommensarmut berücksichtigt, das heißt ob und gegebenenfalls wie weit das Haushalteinkommen unterhalb der offiziellen Armutsrisikoschwelle (60 % des mittleren Einkommens) lag. Dadurch war es möglich zu untersuchen, ob Energiearmut tatsächlich einen eigenständigen Einfluss auf das subjektive Wohlergehen hat oder es sich lediglich um einen

Teilaspekt von allgemeiner Armut, das heißt Einkommensarmut, handelt. Aus der Untersuchung ergibt sich, dass für die gängigen Indikatoren von Energiearmut sowohl das reine Vorhandensein als auch (gegebenenfalls) eine höhere Intensität von Energiearmut mit geringerer Lebenszufriedenheit einhergehen. Dieser Effekt erweist sich zwar als schwächer, bleibt aber nachweisbar, wenn auf Einkommensarmut kontrolliert wird (die ihrerseits die Lebenszufriedenheit negativ beeinflusst). Energiearmut hat also einen eigenständigen Effekt auf das Wohlergehen, der über den Effekt von Einkommensarmut hinausgeht.

5.3 Benzinpreise

Während das Problem der Energiearmut sich auf die häusliche Energienutzung (vornehmlich Raumheizung) bezieht, wurde in einer Untersuchung auch der Zusammenhang zwischen Kraftstoffpreisen und dem subjektiven Wohlergehen untersucht (Boyd-Swan und Herbst 2012). Anhand von Daten für rund 75.000 US-Bürger im Zeitraum 1985–2005 wurde festgestellt, dass höhere Benzinpreise deutlich die Lebenszufriedenheit von Menschen in ländlichen Gebieten mit hoher Fahrzeugdichte beeinträchtigen. Jedoch zeigte sich ein Gewöhnungseffekt in dem Sinne, dass die Zufriedenheit ein Jahr nach einem Preisanstieg wieder zu ihrem Ausgangsniveau zurückkehrte und dort verblieb, auch wenn der Preisanstieg anhielt. Die Autoren spekulieren, dass der ursprüngliche Rückgang der Zufriedenheit nicht nur finanzielle Gründe hat, sondern ein Anstieg der Kraftstoffpreise auch als Anzeichen für internationale politische Unruhe oder als Bedrohung für die soziale Stabilität im Inland gedeutet werden könnte. Ferner vermuten sie, dass die Rückkehr der Zufriedenheit zum Ausgangsniveau neben der Gewöhnung auch damit zusammenhängen könnte, dass laut früheren Studien höhere Kraftstoffpreise mit einem Rückgang der Fettleibigkeit verbunden sind, was sich positiv auf das Wohlergehen auswirkt.

5.4 Fazit

Höhere Preise für Strom, Gas und Heizöl beeinträchtigen das subjektive Wohlergehen. Sie tragen zur sogenannten Energiearmut bei, die zusätzlich zur reinen Einkommensarmut einen eigenständigen Effekt auf das Wohlergehen hat. Erschwinglichkeit von Energie ist somit ein wichtiger Faktor der Lebensqualität.

6 Energieversorgungsstruktur

6.1 Aggregierte Versorgungsstruktur

Die bis hierhin beschriebene Forschungsliteratur hat sich überwiegend mit einzelnen Versorgungstechnologien oder Gruppen solcher Technologien (fossil, nuklear, erneuerbar) beschäftigt. Die jeweiligen Auswirkungen auf das Wohlergehen sind vielfältig; sie unterscheiden sich sowohl qualitativ (etwa Umwelt- und Klimaeffekte, Sicherheitsrisiken, Kosten) als auch in ihrer räumlichen und zeitlichen Reichweite. Deshalb ist es schwierig, aus den beschriebenen Befunden, Präferenzen für bestimmte Versorgungsstrukturen abzuleiten.

Eine Möglichkeit, verschiedene Technologien beziehungsweise Technologiegruppen vergleichend zu bewerten besteht darin zu untersuchen, ob ein Zusammenhang zwischen dem Technologiemix in verschiedenen Ländern (und Jahren) und dem subjektiven Wohlergehen der dort lebenden Menschen besteht. Durch Betrachtung der Anteile der verschiedenen Technologien an der Energieversorgung werden sämtliche relevante Merkmale der Technologien implizit erfasst und anhand ihrer Bedeutung für das subjektive Wohlergehen gewichtet. Um fehlerhafte Zuordnungen zwischen Versorgungsanteilen und Wohlergehen zu vermeiden, muss darauf geachtet werden, dass andere gesamtgesellschaftliche oder gesamtwirtschaftliche Faktoren, die das Wohlergehen beeinflussen, angemessen berücksichtigt werden. Beispielsweise ist der Ausbau erneuerbarer Energien tendenziell in reicheren Ländern weiter fortgeschritten als in ärmeren. Deshalb muss auf das nationale Wohlstandsniveau (Pro-Kopf-Einkommen) kontrolliert werden, um Effekte des höheren Einkommens nicht fälschlicherweise den erneuerbaren Energien zuzuschreiben.

Wie in Kap. 3 beschrieben, gab es bis zur Reaktorkatastrophe von Fukushima keinen signifikanten (das heißt belastbaren) Zusammenhang zwischen

H. Welsch, *Energieversorgung und Lebensqualität*, essentials,
https://doi.org/10.1007/978-3-658-29309-3_6

dem subjektiven Wohlergehen einer repräsentativen Stichprobe von Menschen in 25 europäischen Ländern und dem Anteil der Kernenergie an der jeweiligen nationalen Stromversorgung. Dies bedeutet, dass in Hinblick auf das subjektive Wohlergehen Kernenergie gleichwertig war mit ihren Alternativen, das heißt Stromerzeugung aus fossilen Energieträgern (Kohle, Öl und Gas) und erneuerbaren Energien (Wind-, Solar- und Wasserkraft sowie Biomasse). Die Risiken der Kernenergie wurden also weder als bedeutender noch als unbedeutender empfunden als die Nachteile anderer Erzeugungsweisen (etwa Luftverschmutzung oder Erzeugungskosten). Dies änderte sich nach der Reaktorkatastrophe von Fukushima, wobei aufgrund des beschränkten Untersuchungszeitraumes unklar ist, wie dauerhaft die Veränderung war.

Diese allein auf die Kernenergie ausgerichtete Betrachtung wurde in einer anderen Studie erweitert, indem zwischen den Kategorien Kernenergie, fossile Stromerzeugung und erneuerbare Energien unterschieden wurde (Welsch und Biermann 2014b). Die Untersuchung verwendete wiederum repräsentative Daten für rund 140.000 Menschen in 25 europäischen Ländern im Zeitraum 2002–2011. Deren Lebenszufriedenheit wurde – unter Berücksichtigung relevanter Kontrollgrößen – in Beziehung gesetzt zum Anteil der genannten Erzeugungsarten an der Stromerzeugung im jeweiligen Land und Jahr. Das Vorzeichen und die Stärke des Zusammenhanges zwischen den jeweiligen Erzeugungsanteilen und der Lebenszufriedenheit wurden zur Ermittlung einer Rangordnung der verschiedenen Energieträger beziehungsweise Technologien verwendet. Dabei ergab sich, dass im betrachteten Zeitraum ein größerer Anteil fossiler Stromerzeugung relativ zur Kernenergie wie auch relativ zu erneuerbaren Energien mit höherer Lebenszufriedenheit einherging, während weder ein größerer noch ein kleinerer Anteil Erneuerbarer relativ zur Kernenergie mit Unterschieden in der Lebenszufriedenheit verbunden war. In Hinblick auf die Lebenszufriedenheit war die fossile Stromerzeugung also die gegenüber Kernenergie und erneuerbaren Energien bevorzugte Kategorie, wohingegen zwischen Kernenergie und Erneuerbaren keine Rangordnung festzustellen war.

6.2 Differenzierte Betrachtung

Diese Betrachtung wurde in derselben Studie weiter verfeinert, indem die fossilen Energieträger und die erneuerbaren Energien stärker differenziert wurden. Unterschieden wurde zwischen Kernenergie, Kohle, Öl, Gas, Wasserkraft, Solar- und Windenergie sowie Biomasse. Es ergab sich, dass Solar- und Windenergie sowie die Stromerzeugung durch Gaskraftwerke gegenüber Kernenergie bevorzugt werden. Stromerzeugung aus Biomasse wird von allen Technologien am wenigsten geschätzt. Zwischen Gaskraftwerken und Solar- und Windkraftanlagen sowie zwischen Kernenergie, Kohle, Öl und Wasserkraft lässt sich kein Unterschied feststellen.

Diese Ergebnisse zeigen, dass der Zusammenhang zwischen dem Wohlergehen und den verschiedenen Stromerzeugungsarten komplexer ist, als es durch die Hauptkategorien fossil, nuklear und erneuerbar zum Ausdruck kommt, Verschiedene fossile Erzeugungsformen wie auch verschiedene erneuerbare Energien werden nicht als untereinander austauschbar empfunden. Insbesondere werden zwar Gaskraftwerke, nicht aber Kohle und Ölkraftwerke, gegenüber Kernkraftwerken bevorzugt. In ähnlicher Weise werden zwar Solar- und Windkraftwerke gegenüber Kernkraftwerken bevorzugt, während dies für Wasserkraftwerke und Biomasseanlagen nicht der Fall ist.

Die erneuerbaren Stromquellen Sonne und Wind unterscheiden sich also deutlich von der Stromerzeugung aus Biomasse: Während Solar- und Windkraftanlagen im Hinblick auf die Lebenszufriedenheit (gemeinsam mit Gaskraftwerken) insgesamt am besten abschneiden, sind Biomasseanlagen die schlechteste Stromerzeugungstechnologie von allen. Dieser aus dem Zusammenhang zwischen der Lebenszufriedenheit und den jeweiligen Erzeugungsanteilen gewonnene Befund passt zu dem in Kap. 4 beschriebenen Ergebnis einer Fallstudie aus Deutschland, dass die negativen Nachbarschaftseffekt von Biomasseanlagen auf das Wohlergehen um ein Mehrfaches größer sowie anhaltender sind als diejenigen von Solar- und Windkraftanlagen.

6.3 Interpretation und Schlussfolgerungen

Zum besseren Verständnis der ermittelten Rangordnungen verweisen die Autoren auf die mit den verschiedenen Energieträgern beziehungsweise Technologien verbundenen Umweltauswirkungen und Kosten sowie Sicherheitsrisiken. Eine Analyse der Daten zeigt, dass höhere Versorgungsanteile von Kohle und Öl mit höherer Luftverschmutzung einhergehen, während höhere Anteile von Solar- und Windenergie sowie Gas mit geringerer Luftverschmutzung verbunden sind. Stellt man die negativen Auswirkungen der Luftverschmutzung auf die Lebenszufriedenheit separat in Rechnung, verschwindet die Vorteilhaftigkeit der Solar- und Windenergieanlagen sowie der Gaskraftwerke. Der insgesamt positive Zusammenhang zwischen Lebenszufriedenheit und den Versorgungsanteilen dieser Technologien ist also auf deren größere Umweltfreundlichkeit zurückzuführen. Andererseits zeigt die Betrachtung der Daten, dass höhere Anteile von

Solar- und Windenergie mit höheren Strompreisen einhergehen. Rechnet man den negativen Effekt höherer Strompreise auf die Lebenszufriedenheit heraus, erweist sich die Vorteilhaftigkeit von Solar- und Windenergie als etwas stärker als zuvor. Der insgesamt positive Zusammenhang zwischen Lebenszufriedenheit und den Anteilen von Solar- und Windenergie tritt also trotz deren höherer Kosten auf. Per Saldo überwiegt in Hinblick auf die Lebenszufriedenheit der Vorteil geringerer Luftverschmutzung den Nachteil höherer Kosten.

Aus diesen Betrachtungen kann gefolgert werden, dass die größere Umweltfreundlichkeit und die geringeren Sicherheitsrisiken von Solar- und Windenergie sowie Gas eine größere Rolle für das subjektive Wohlergehen spielen als die damit verbundenen höheren Kosten, sodass diese Energieträger in Hinblick auf das Wohlergehen gegenüber den schmutzigeren Energieträgern Kohle und Öl sowie der als riskant empfundenen Kernenergie bevorzugt werden.

6.4 Fazit

Der Zusammenhang zwischen den Erzeugungsanteilen verschiedener Technologien und dem subjektiven Wohlergehen kann herangezogen werden, um eine Rangordnung der Stromerzeugungstechnologien abzuleiten. Dabei schneiden Solar- und Windkraftanlagen sowie Gaskraftwerke am besten und Biomasseanlagen am schlechtesten ab, während Kernkraftwerke, Kohlekraftwerke, Ölkraftwerke und Wasserkraftwerke eine mittlere Position einnehmen. Diese Rangordnung kann mit einer hohen Wertschätzung für eine umweltfreundliche und risikoarme Energieversorgung begründet werden.

Was Sie aus diesem *essential* mitnehmen können

- Verschafft einen kompakten Einblick in den Zusammenhang zwischen Energieversorgung und Lebensqualität.
- Zeigt wie die Umwelt- und Klimaauswirkungen, die Sicherheitsrisiken, die von Energieanlagen ausgehenden Belästigungen und die Kosten der Energieversorgung das subjektive Wohlergehen beeinflussen.
- Demonstriert welche Energieversorgungsstrukturen unter Abwägung der verschiedenen Auswirkungen am besten zur Förderung der Lebensqualität beitragen.

H. Welsch, *Energieversorgung und Lebensqualität,* essentials,
https://doi.org/10.1007/978-3-658-29309-3

Literatur

Ambrey, C. L., Fleming, C. M., & Manning, M. (2017). Forest fire danger, life satisfaction and feelings of safety: Evidence from Australia. *International Journal of Wildland Fire, 26,* 240–248.

Berlemann, M. (2016). Does hurricane risk affect individual well-being? Empirical evidence on the indirect effects of natural disasters. *Ecological Economics, 124,* 99–113.

Biermann, P. (2016). ‚How fuel poverty affects subjective well-being: Panel evidence from Germany', Discussion Paper V-395-2016, Department of Economics, University of Oldenburg.

Boyd-Swan, C., & Herbst, C. M. (2012). Pain at the pump: Gasoline prices and subjective well-being. *Journal of Urban Economics, 72,* 160–175.

Carroll, N., Frijters, P., & Shields, M. (2009). Quantifying the costs of drought: New evidence from life satisfaction data. *Journal of Population Economics, 22,* 445–461.

Danzer, A. M., & Danzer, N. (2016). The long-run consequences of chernobyl: Evidence on subjective well-being, mental health and welfare. *Journal of Public Economics, 135,* 47–60.

Diener, E. (1984). Subjective well-being. *Psychological Bulletin, 95,* 542–575.

Easterlin, R. (1974). Does economic growth improve the human lot? Some empirical evidence. In P. A. David & M. W. Reder (Hrsg.), *Nations and households in economic growth: Essays in honour of Moses Abramovitz* (S. 89–125). New York: Academic.

Easterlin, W. A. (1995). Will raising the incomes of all increase the happiness of all? *Journal of Economic Behavior & Organization, 27,* 35–47.

Frey, B. S. (2018). *Economics of happiness.* Berlin: Springer.

Frey, B. S., & Stutzer, A. (2002). What can economists learn from happiness research? *Journal of Economic Literature, XL,* 402–435.

Frijters, P., & Van Praag, B. (1998). The effects of climate on welfare and well-being in Russia. *Climate Change, 39,* 61–81.

Jones, B. A. (2017). Are we underestimating the economic costs of wildfire smoke? An investigation using the life satisfaction approach. *Journal of Forest Economics, 27,* 80–90.

Kimball, M., Levy, H., Othake, F., & Tsutsui, Y. (2006). ‚Unhappiness after hurricane Katrina'. Working Paper 12062, National Bureau of Economic Research.

H. Welsch, *Energieversorgung und Lebensqualität,* essentials,
https://doi.org/10.1007/978-3-658-29309-3

Kountouris, Y., & Remoundou, K. (2011). Valuing the welfare cost of forest fires: A life satisfaction approach. *Kyklos, 64,* 556–578.

Krekel, C., & Zerrahn, A. (2017). Does the presence of wind turbines have negative externalities for people in their surroundings? Evidence from well-being data. *Journal of Environmental Economics and Management, 82,* 221–238.

Le Queré, C., et al. (2018). Global carbon budget 2017. *Earth Systems Science Data, 10,* 405–448.

Levinson, A. (2012). Valuing public goods using happiness data: The case of air quality. *Journal of Public Economics, 96,* 869–880.

Levinson, A. (2020). Happiness and air pollution. In D. Maddison, K. Rehdanz, & H. Welsch (Hrsg.), *Handbook on wellbeing, happiness and the environment.* Cheltenham: Edward Elgar, im Druck.

Li, Q., Stoeckl, N., King, D., & Gyuras, E. (2017). Exploring the impact of coal mining on host communities in Shanxi, China – Using subjective data. *Resources Policy, 53,* 125–134.

Lohmann, P., Pondorfer, A., & Rehdanz, K. (2019). Natural hazards and well-being in a small-scale island society. *Ecological Economics, 159,* 344–353.

Luechinger, S. (2009). Valuing air quality using the life satisfaction approach. *The Economic Journal, 119,* 482–515.

Luechinger, S., & Raschky, P. A. (2009). Valuing flood disasters using the life satisfaction approach. *Journal of Public Economics, 93,* 620–633.

Maddison, D., & Rehdanz, K. (2011). The impact of climate on life satisfaction. *Ecological Economics, 70,* 2437–2445.

Maddison, D., & Rehdanz, K. (2020). Cross-country variations in subjective wellbeing explained by the climate. In D. Maddison, K. Rehdanz, & H. Welsch (Hrsg.), *Handbook on wellbeing, happiness and the environment,* Cheltenham: Edward Elgar, im Druck.

Maguire, K., & Winters, J. V. (2017). Energy boom and gloom? Local effects of oil and gas drilling on subjective well-being. *Growth and Change, 48,* 590–610.

Menz, T., & Welsch, H. (2012). Life-cycle and cohort effects in the valuation of air quality: Evidence from subjective well-being data. *Land Economics, 88,* 300–325.

Moore, R. (2012). Definitions of fuel poverty: Implications for policy. *Energy Policy, 49,* 27–32.

Neuhoff, K., Bach, S., Diekmann, J., Beznoska, M., & El-Laboudy, T. (2013). Distributional effects of energy transition: Impacts of renewable electricity support in Germany. *Economics of Energy and Environmental Policy, 2,* 41–54.

Ohtake, F., Yamada, K., & Yamane, S. (2016). Appraising unhappiness in the wake of the Great East Japan Earthquake. *Japanese Economic Review, 67,* 403–417.

Otto, F. (2019). *Wütendes Wetter.* Berlin: Ullstein.

Rahmstorf, S., & Schellnhuber, H. J. (2006). *Der Klimawandel.* München: Beck.

Rehdanz, K., & Maddison, D. (2005). Climate and happiness. *Ecological Economics, 52,* 111–125.

Rehdanz, K., Welsch, H., Narita, D., & Okubo, T. (2015). Well-being effects of a major natural disaster: The case of Fukushima. *Journal of Economic Behavior & Organization, 116,* 500–517.

Schneider, Y., & Zweifel, P. (2013). Spatial effects in willingness to pay for avoiding nuclear risks. *Swiss Journal of Economics and Statistics, 149,* 357–379.

Sekulova, F., & Van den Bergh, J. C. J. M. (2016). Floods and Happiness: Empirical Evidence from Bulgaria. *Ecological Economics, 126,* 51–57.

Stiglitz, J. E., Sen, A., & Fitoussi, J.-P. (2009). Report by the commission on the measurement of economic performance and social progress (CMEPSP). http://www.stiglitz-sen-fitoussi.fr/en/documents.htm. Zugegriffen: 06. Jan. 2020.

Von Möllendorff, C., & Hirschfeld, J. (2016). Measuring impacts of extreme weather events using the life satisfaction approach. *Ecological Economics, 121,* 108–116.

Von Möllendorff, C., & Welsch, H. (2017). Measuring renewable energy externalities: Evidence from subjective well-being data. *Land Economics, 93,* 107–124.

Welsch, H. (2002). Preferences over prosperity and pollution: Environmental valuation based on happiness surveys. *Kyklos, 55,* 473–494.

Welsch, H. (2006). Environment and happiness: Valuation of air pollution using life satisfaction data. *Ecological Economics, 58,* 801–813.

Welsch, H. (2016). Electricity externalities, siting, and the energy mix: A survey. *International Review of Environmental and Resource Economics, 10,* 57–94.

Welsch, H., & Biermann, P. (2014a). Fukushima and the preference for nuclear power in Europe: Evidence from subjective well-being data. *Ecological Economics, 108,* 171–179.

Welsch, H., & Biermann, P. (2014b). Electricity supply preferences in Europe: Evidence from subjective well-being data. *Resource and Energy Economics, 38,* 38–60.

Welsch, H., & Biermann, P. (2016). Measuring nuclear power plant externalities using life satisfaction data: A spatial analysis for Switzerland. *Ecological Economics, 126,* 98–111.

Welsch, H., & Biermann, P. (2017). Energy affordability and subjective well-Being: Evidence from European countries. *Energy Journal, 38,* 159–176.

Welsch, H., & Ferreira, S. (2013). Environment, well-being, and experienced preference. *International Review of Environmental and Resource Economics, 7,* 205–239.

Yamane, F., Ohgaki, H., & Asano, K. (2013). The immediate impact of the Fukushima Daiichi accident on local property values. *Risk Analysis, 33,* 2023–2040.

Zander, K. K., Moss, S., & Garnett, S. T. (2019). Climate change-related heat stress and subjective well-being in Australia. *Weather, Climate, and Society, 11*(3), 505–520.